ENCYCLOPÉDIE-RORET

BLEUS

ET CARMINS D'INDIGO.

AVIS.

Le mérite des ouvrages de l'**Encyclopédie-Roret** leur a valu les honneurs de la traduction, de l'imitation et de la contrefaçon. Pour distinguer ce volume, il porte la signature de l'Editeur, qui se réserve le droit de le faire traduire dans toutes les langues, et de poursuivre, en vertu des lois, décrets et traités internationaux, toutes contrefaçons et toutes traductions faites au mépris de ses droits.

Le dépôt légal de ce Manuel a été fait dans le cours du mois de mars 1858, et toutes les formalités prescrites par les traités ont été remplies dans les divers Etats avec lesquels la France a conclu des conventions littéraires.

MANUELS-RORET.

NOUVEAU MANUEL COMPLET

DU

ABRICANT DE BLEUS

ET

CARMINS D'INDIGO

PAR

M. Félicien CAPRON, DE DOLE.

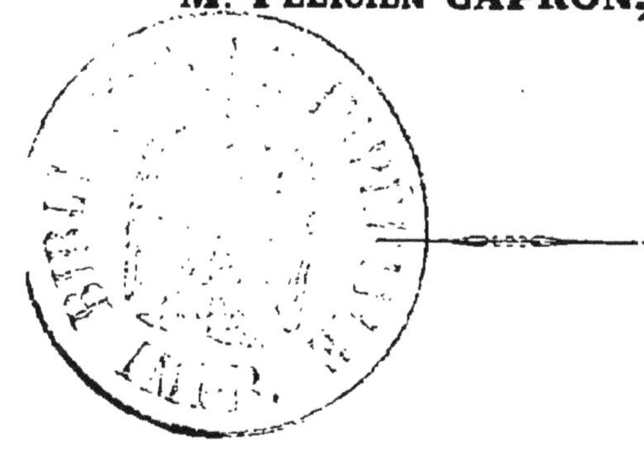

PARIS

A LA LIBRAIRIE ENCYCLOPÉDIQUE DE RORET,
RUE HAUTEFEUILLE, 12.
1858.

L'Auteur et l'Editeur se réservent le droit de traduction.

AVERTISSEMENT.

L'INDIGO circulant dans le commerce nous vient d'Égypte, de Madagascar et des Indes orientales; c'est une matière solide, insoluble dans l'eau, soluble dans l'acide sulfurique concentré, qui est composée d'indigo pur et de matières vertes, résineuses et huileuses. (*Voir, pour sa préparation, le Traité de chimie par M. Guilloud*).

Il y a plusieurs espèces d'indigo: les principales sont le Guatimala et le Bengale. On doit donner la préférence à celui qui a un aspect violet [a].

[a] **M. Thillaye**, en son Manuel du Fabricant de produits chimiques (*Encyclopédie Roret*), dit ■ que l'indigo Guatimala se par-

Ce n'est que vers la fin du siècle dernier que l'indigo fut travaillé de manière à être employé avec avantage pour l'azurage des linges et des tissus. On ne connaît pas l'auteur de cette découverte plus utile qu'importante ; ce qui fait que plusieurs fabricants s'en attribuent le mérite.

« tage en sept variétés : 1° indigo flor ; 2° sobre
« supérieur ; 3° sobre bon ; 4° sobre ordinaire ;
« 5° cortes supérieur ; 6° cortes bon, 7° et
« cortes ordinaire.

« Que l'indigo Bengale offre au commerce
« treize variétés : 1° bleu léger , bleu fin ,
« bleu flottant ; 2° surfin violet ; 3° surfin
« pourpre ; 4° le fin violet ; 5° le fin violet
« pourpre ; 6ª le bon violet ; 7° le violet
« rouge ; 8° le violet ordinaire ; 9° le fin et
« le bon rouge ; 10° le bon rouge ; 11° le fin
« cuivré ; 12° le moyen cuivré ; 13° le cuivré
« ordinaire et bon.

« Que les indigos de commerce sont toujours
« mélangés, et qu'il est très-difficile de pou-
« voir déterminer leur valeur d'après leurs
« propriétés physiques.

« Et qu'enfin les défauts que l'on rencontre

Avant les bleus d'indigo, qu'on fabriquait alors sous la forme de boules [a], et dont la matière seconde était du blanc de Meudon ou de Troyes, on se servait, pour azurer, de bleus de Prusse en pâte. Cet azurage avec le bleu de Prusse endommageait les linges et tissus, en raison du sulfate de fer que contient ce bleu, et

« dans les indigos sont désignés sous les noms
« 1° d'éventés, 2° piquetés, 3° rubanés, 4° brû-
« lés, 5° pierrés.

« 1° Ils sont *éventés*, lorsque la cassure in-
« térieure présente une espèce ne moisissure
« blanche;

« *Piquetés*, lorsque l'intérieur est parse-
« mé de points blancs et de petites cavités
« blanches;

« *Rubanés*, quand la cassure présente des
« couches de nuances différentes;

« *Brûlés*, lorsqu'en les pressant ou les cas-
« sant ils se divisent en fragments plus ou
« moins noirs;

« Et *pierrés* ou *salés*, quand ils présentent
« à l'intérieur du sable ou des pierres. »

[a] MM. Turin et Roux-Lecoynet, de Dole,

verdissait très rapidement. Ensuite a été faite la découverte des carmins d'indigo (l'auteur en est également inconnu), servant à la teinture et à l'impression sur étoffes, et faisant la base des bleus en pierres, tablettes, pastilles, boutons, lentilles, etc., et des bleus Bélards et des bleus célestes ou solubles, circulant aujourd'hui dans le commerce.

On distingue trois espèces de bleus servant à l'azurage et à l'apprêt des linges et tissus : ce sont 1° les bleus liquides, qui ne sont autre chose que la dissolution sulfurique d'indigo étendue d'eau ; 2° les bleus en boules, qui ne sont également que la dissolution sulfurique d'indigo triturée avec du blanc de Meudon ou de Troyes ; 3° et les bleus ayant pour base les carmins d'indigo auxquels ou mêle de

sont des premiers qui se sont occupés de la fabrication des bleus, et qui en ont livré au commerce.

la fécule de pommes de terre, de la
gomme sénégale réduite en poudre,
et du sulfate de potasse, cette der-
nière substance pour les bleus solubles seulement.

Autrefois, dans les campagnes, on
ne connaissait pas l'usage des divers
bleus; il n'en est pas de même aujourd'hui que le luxe est arrivé à son
suprême degré; ils sont employés
dans le plus petit ménage comme dans
le plus gros, et sont devenus tout-à-
fait indispensables. On ne peut les
remplacer par aucune autre matière,
puisque, seuls, ils donnent aux tissus
et linges, sans les endommager, une
légère couleur bleue d'azur, et l'ap-
parence de neuf à ceux qui sont vieux.

On peut suppléer au carmin d'indigo par de l'indigo brut; c'est ce
que font encore la plûpart des teinturiers et des imprimeurs sur étoffes et
des fabricants de papiers peints; ils
ne connaissent probablement pas la

différence de la teinture ou de l'impression entre le carmin d'indigo et l'indigo brut. Il en existe cependant une grande, et la voici : la teinture ou l'impression faite avec de l'indigo brut tourne toujours au vert, et assez rapidement, en raison des matières vertes que contient l'indigo du commerce ; il n'en est pas de même de celle qui est faite avec le carmin d'indigo, qui n'est autre chose que de l'indigo presque pur, débarrassé de ses matières vertes, résineuses et huileuses; elle ne verdit jamais, ou du moins très difficilement, si le carmin a été bien préparé.

Ce mode de fabrication des bleus et carmins d'indigo n'est encore connu que de quelques personnes qui en font un commerce très avantageux; ils n'ont jamais eu à craindre une concurrence, puisqu'ils ont toujours conservé leurs procédés secrets : aussi l'appellent-ils *un secret de famille.*

Plusieurs de MM. les chimistes ont bien indiqué divers procédés pour obtenir les carmins d'indigo, mais aucun d'eux n'en a donné un simple et économique ; ceux qui en ont le plus approché, sont MM. Lasaigne [a], en son Traité de chimie, et Thillaye, en son Manuel du fabricant de produits chimiques (*Encyclopédie Roret, tome* III, *pages* 177 *et* 178), de manière que tous les procédés indiqués jusqu'à ce jour sont fort compliqués et trop dispendieux pour être mis à exécution par des personnes ayant peu de fortune.

Ils n'ont jamais parlé des bleus en boules, pierres, tablettes, pastilles rayées, boutons, lentilles, ainsi que des bleus Bélards et liquides, et des bleus célestes ou solubles, en sorte qu'il manque dans la collection déjà

[a] Voir son Traité de chimie, pour avoir une analyse complète de l'indigo.

si nombreuse des Manuels appliqués aux arts et métiers, celui du fabricant des bleus et carmins d'indigo.

Pour remplir cette lacune dans l'intérêt du public, et principalement dans celui du commerce, j'ai fait de nombreuses expériences chimiques qui m'ont fait découvrir un mode de fabrication simple et économique, pouvant être mis à exécution par les personnes de toutes les classes, c'est-à-dire que le plus petit ménage, comme le plus gros, pourra fabriquer les bleus dont il aura besoin.

Ce mode de fabrication est celui indiqué dans cet ouvrage.

Les épiciers, droguistes, teinturiers, fabricants d'indiennes, de toile et de papiers peints, auront un double avantage de fabriquer eux-mêmes les bleus et carmins d'indigo nécessaires à leur commerce, en ce qu'ils seront toujours certains d'en avoir de la qualité qu'ils désireront, et qu'ils y gagneront le cent pour cent au moins. Ils pourront s'en convaincre en recourant aux chapitres trois et suivants de cet ouvrage.

———

Ce Manuel comprend huit chapitres :

Le *premier* donnera la description des ustensiles nécessaires à une grande fabrication ;

Le *deuxième* indiquera la manière d'obtenir les carmins d'indigo ;

Le *troisième*, la manière de faire les bleus en pierres, en tablettes et en pastilles rayées ;

Le *quatrième*, les bleus célestes ou solubles ;

Le *cinquième*, les bleus Bélards ;

Le *sixième*, les bleus en boules ;

Le *septième*, les bleus liquides ;

Et le *huitième*, la manière de faire les bleus dans les ménages.

MANUEL

DU FABRICANT

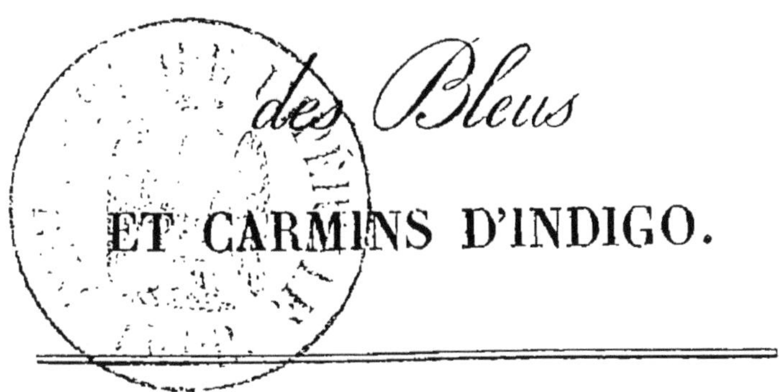

des Bleus

ET CARMINS D'INDIGO.

CHAPITRE PREMIER.

Description des ustensiles nécessaires
à une grande fabrication.

1º Un pot en plomb, évasé dans
le dessus, de la teneur de vingt-cinq
à trente litres, pour faire les dissolutions sulfuriques d'indigo.

2º Un moulin pour moudre l'indigo, aussi fin que possible.

3° Des cylindres pour broyer les pâtes de bleus après qu'elles ont été déjà pétries.

On peut se servir avantageusement du moulin et de la machine à broyer de Rollet, rue Moreau, n° 38, à Paris.

4° Une mollette pour broyer les pâtes dont on veut fabriquer les bleus en boules.

5° Une baguette en verre ou une en bois, garnie en plomb, pour remuer les dissolutions sulfuriques d'indigo.

Une simple baguette en bois noircirait la dissolution, en raison de l'acide que contient le bois.

6° Trois cuveaux, de la hauteur d'une futaille ordinaire, de la teneur de deux cent cinquante à trois cents litres, munis chacun d'un gros robinet, et posés sur des trépieds de la hauteur de vingt-cinq à trente centimètres.

7° Douze chassis en bois, carrés, portant environ soixante-dix centimètres de chaque face, munis des divers crochets pour y fixer les filtres.

8° Vingt-quatre filtres en drap blanc décatti, de huit ou neuf *fr.* le mètre, de la grandeur et de la largeur de l'intérieur des chassis, sur lesquels on les accroche par trois boucles de tresse au moins, de chaque face.

Après chaque opération, ces filtres doivent être bien lavés et remplacés par d'autres ; c'est pourquoi il en faut vingt-quatre, et douze chassis seulement.

Avant de se servir, pour la première fois, des filtres, il faut qu'ils aient été bien lavés à l'eau de savon bouillante ; et l'on doit, chaque fois que l'on veut s'en servir, les bien tendre sur les chassis, et les mouiller parfaitement.

Les chassis, munis des filtres, sont

posés, à la suite les uns des autres, sur deux morceaux de bois d'une longueur de neuf mètres environ, qui sont également posés parallèlement et horizontalement sur des tréteaux de quatre-vingts centimètres de hauteur, c'est-dire de manière à pouvoir mettre un seau sous chaque filtre.

9° Au moins vingt seaux.

10° Quatre autres filtres d'un drap plus fort que celui des filtres précédents, pour mettre le carmin en presse.

11° Une presse à poids, fixée sur une table un peu inclinée, pour que les eaux qui sortent du carmin s'écoulent avec facilité.

Pour fixer cette presse, on a une table d'un carré long, bien fixée sur le plancher par ses tréteaux, dont un doit être nécessairement plus large que la table. Sur le bout du tréteau qui dépasse la largeur de la table, on y adapte solidement un gros morceau de bois de la hauteur de trente-cinq centimètres environ, et dont moitié au moins en forme de tenon, avec divers trous ; ensuite on a un autre morceau de bois de la longueur de deux mètres, dont l'un des bouts est muni d'une mortaise traversée par un trou pour le fixer, avec un boulon en fer sur le morceau de bois élevé à l'extrémité du tréteau de la table ; alors on n'a qu'à mettre un poids au bout du grand morceau de bois, et on a une presse très économique.

12º Plusieurs bassines en cuivre rouge pour soutirer le bleu, ou plutôt le liquide contenu dans les cuveaux après la saturation, et le mettre sur les filtres.

Pour la commodité, ces bassines, évasées dans le dessus, doivent être de la teneur de quinze à vingt litres, et munies d'un bec ou goulot.

13° Au moins deux petites pelles en cuivre rouge, de la forme d'une écumoire, pour ôter la pâte ou carmin qui reste sur les filtres.

14° Une grande ronde pour laver les carmins.

15° Cent cinquante à deux cents petites planches au moins, bien cirées, de la longueur d'un mètre sur trente centimètres de largeur, pour couler les différentes pâtes de bleus.

16° Une table, carré long, surmontée d'une presse, pour couler aussi les bleus en pierres, en tablettes, les pastilles rayées, les rébus et les bleus Bélards.

Cette table doit être posée sur trois tréteaux de la hauteur d'un mètre vingt centimètres ; celui du milieu doit dépasser de chaque côté de la table, et être surmonté de deux morceaux de bois, dont un de la hauteur de quarante centimètres, muni, à dix centimètres aussi de hauteur, d'un tenon avec plusieurs trous, et l'autre de la hauteur de vingt centimètres, muni, ainsi que l'autre côté, d'un tenon à dix centimètres de hauteur, mais sans trou.

Sur ces deux morceaux de bois placés à chacune des extrémités du tréteau, se place, par des mortaises de chaque bout, un autre morceau de bois portant dix centimètres d'écarrissage, et au milieu duquel on fait encore une mortaise de dix à douze centimètres de longueur sur cinq à six centimètres de largeur, pour y placer le bec à couler. Ce dernier morceau de bois se trouve, par conséquent, placé en travers de la table.

Après le morceau de bois dont le tenon qui le surmonte est muni de divers trous, on y adapte, par un boulon en fer et par une mortaise traversée par un trou, un autre grand morceau de bois de deux mètres de longueur, et on a une presse pour couler.

17° Un bec à couler surmonté d'un sac en peau, de la hauteur de trente-cinq centimètres [a].

Le sac en peau doit être cousu à double couture, et le bec à couler, qui a dans le dessus une forme ronde de la hauteur de cinq centimètres, muni d'un gros cordon pour fixer solidement le sac en peau qui le surmonte, et dans le bas une forme d'un carré long, de la longueur de neuf centimètres sur cinq centimètres de largeur et douze centimètres de hauteur, se pose sur le morceau de bois mis en travers de la table à couler (16) et dans la mortaise.

Le bout carré long de ce bec à couler doit être disposé de manière à pouvoir y adapter à volonté des pe-

[a] La plûpart des fabricants se servent pour couler de seringues dont le bout est carré long, et percé de divers trous.

Ces seringues ne peuvent servir que dans de petites fabrications.

tites plaques en cuivre, aussi carré long, percées de trous également carré long, unis ou dentelés, selon le genre des marchandises que l'on veut fabriquer. (On peut s'adresser pour les divers ustensiles en cuivre, à M. Turquois, fondeur en cuivre, à Dole).

18º Des cornets en fer blanc pour couler les boutons, les pastilles et les lentilles. Le petit bout de ces cornets n'est que de la grosseur dont on veut faire ces diverses marchandises, et ils sont munis de morceaux de bois que l'on appelle *poussoirs*, pour chasser la pâte que l'on met dans ces cornets, et la faire passer par le petit trou qui leur donne la forme et la grosseur que l'on désire.

19º Un pétrin pour pétrir les diverses pâtes de bleus.

20º Un couteau à rondelles pour couper les pâtes, lorsqu'elles sont coulées sur les planchettes.

Les rondelles doivent être séparées

les unes des autres, selon les longueurs et le prix des pierres de bleus
que l'on veut fabriquer.

21⁰ Plusieurs puisettes **ou petits**
pots en cuivre rouge, pour puiser
l'eau nécessaire à la saturation.

22° Un sac en peau, de la longueur d'un mètre sur vingt centimètres de largeur, pour passer les marchandises sèches au bleu de Prusse ou
de Berlin.

On appelle passer au bleu de Prusse
ou de Berlin, les bleus auxquels on
veut donner la couleur bleue céleste.

23° Un tambour en fer blanc, muni d'une porte, posé sur deux tréteaux
et mu par une manivelle, pour passer les bleus en boules, en pierres,
en tablettes et les bleus Bélards au
bleu d'indigo.

24° Un sac en laine pour lustrer,
de la longueur et de la largeur du
sac en peau.

On appelle lustrer, mettre les marchandises sortant du tambour en fer blanc dans le sac en laine, pour les secouer pendant dix minutes au moins. Cette opération donne aux marchandises un coup - d'œil bleu cuivré.

25º Enfin on a une étuve dans laquelle se trouvent disposés des séchoirs pour recevoir les planchettes sur lesquelles on a coulé les bleus, afin de les faire sécher.

CHAPITRE II.

CHAPITRE DEUXIÈME.

De la dissolution sulfurique d'indigo, de sa saturation et des carmins d'indigo.

Les quantités d'indigo et d'acide sulfurique indiquées dans le présent chapitre, sont celles qui sont employées dans la plûpart des fabriques.

Pour obtenir de bons carmins d'indigo, on verse dans le pot de plomb (1) onze kilogrammes d'acide sulfurique de Saxe ou de Nordhausen [a]. On projette doucement dans cet acide, et par petites portions, trois kilogrammes d'indigo [b] moulu aussi fin que

[a] Lorsqu'on veut employer de l'acide sulfurique ordinaire, on en met deux kilogrammes pour un demi-kilogramme d'indigo.

[b] Il y a des fabricants dolois qui dissolvent

possible, en ayant soin de remuer avec la baguette en verre (5), au fur et à mesure qu'on projette cet indigo, afin de l'empêcher de s'attacher aux parois du pot, ce qui le brûlerait, et de bien faire le mélange. On appelle cette opération, dans les fabriques, faire la dissolution sulfurique d'indigo.

Lorsqu'on a fini de projeter les trois kilogrammes d'indigo dans l'acide sulfurique, on bouche le pot avec un couvercle en bois, garni en dessous d'une peau de mouton, afin de bien concentrer le liquide qui y est contenu ; ensuite on le met au bain-marie pendant douze à quinze heures consécutives. C'est ce qu'on appelle faire la cuite [a].

jusqu'à dix kilogrammes d'indigo à la fois, qui le mettent d'abord dans le pot, et versent l'acide sur cet indigo, qui, par cette opération, brûle presque toujours.

Au lieu de mettre au bain-marie pour la

A cet effet, on a sur un poële une marmite dans laquelle on met un trépied de quatre à cinq centimètres de hauteur, pour empêcher le cul du pot de plomb de toucher celui de la marmite, qui doit être assez grande pour laisser partout, entre elle et le pot, une distance de quatre à cinq centimètres ; en un mot, le pot de plomb ne doit nullement toucher la marmite, autrement la dissolution sulfurique d'indigo brûlerait.

Cette marmite doit toujours être remplie d'eau qu'on fait bouillir, et que l'on remplace au fur et à mesure qu'elle s'évapore.

Le mélange d'acide et d'indigo mis au bain-marie, doit être remué de

cuite, quelques fabricants mettent au bain de sable ou dans une étuve pendant sept à huit jours. Ces manières de faire la cuite ne sont ni économiques ni expéditives, et il est assez rare de la bien faire et de ne pas brûler l'indigo.

temps en temps avec la baguette en verre.

Souvent il arrive que cette dissolution étant au bain-marie, monte, ou plutôt se boursoufle, de manière à sortir du pot; alors lorsqu'on s'en aperçoit, on diminue la chaleur et on remue le mélange dans le dessus seulement.

Après douze à quinze heures de bain-marie (ce temps dépend du degré de l'acide et du degré de chaleur qu'on a donné à ce bain), on s'assure si la dissolution sulfurique d'indigo est complette, c'est-à-dire si l'indigo est bien dissout; à cet effet, on a un filtre en molleton également fixé sur un chassis; on mouille le filtre, ensuite on met dessus une petite partie de cette dissolution un peu étendue d'eau. S'il ne reste rien sur le filtre, la dissolution est complette; dans le cas contraire, on doit la remettre au bain-marie, et l'y maintenir jusqu'à ce qu'elle soit parfaite, et qu'elle puisse passer sans difficulté par le filtre de molleton [a].

Lorsque cette dissolution est achevée, on la met dans une ronde et on l'étend de quatre ou cinq fois son poids d'eau ; ensuite on met le tout par portions à peu près égales dans les cuveaux (6) destinés à la saturation.

Cette opération faite, on remplit un chaudron de cristaux de soude et d'eau, et on le met sur le feu afin de faire fondre les cristaux. Lorsqu'ils sont fondus et que l'eau alcaline est bouillante, on la verse avec les puisettes par un ou deux litres à la fois, et toutes les dix à quinze minutes,

[a] Presque tous les fabricants, pour reconnaître que leur dissolution est complette, mettent dans un verre d'eau un peu de cette dissolution ; si elle se divise bien dans l'eau et si elle ne se précipite pas, ils la considèrent comme parfaite.

sur chaque partie de la dissolution sulfurique d'indigo qui se trouve dans les cuveaux (c'est ce qu'on appelle faire la saturation), et on continue cette opération jusqu'à ce que la saturation soit complette.

On s'assure qu'elle est terminée, lorsque le liquide contenu dans les cuveaux ne rougit plus la teinture de tournesol.

A cet effet, on teint avec du tournesol du papier non collé, on en prend un morceau que l'on plonge dans le liquide, et si la couleur ne passe pas au rouge la saturation est achevée [a].

La saturation étant terminée, on soutire dans les bassines (12) le li-

---

[a] La plûpart des fabricants s'assurent que leur saturation est complette en dégustant le liquide contenu dans les cuveaux ; on comprendra parfaitement que ce procédé n'est ni certain, ni agréable, et qu'il ne peut pas conduire à de bons résultats.

quide contenu dans les cuveaux, et on le met sur les filtres ; alors il reste sur ces fitres une pâte couleur de cuivre rouge que l'on recueille avec les pelles (13). Cette pâte est appelée dans le commerce *Carmin d'indigo.*

Ce carmin ainsi recueilli, n'est pas d'une grande richesse, parce qu'il contient encore des matières qui lui sont étrangères. Lorsqu'on veut l'avoir d'une grande beauté, on le met dans une ronde avec trois seaux d'eau pure, et on agite pendant environ une demi-heure avec une spatule en bois. (On nomme cette opération laver les carmins [a]).

[a] Les fabricants dolois lavent les carmins d'une autre manière : la saturation étant terminée, ils remplissent d'eau les cuveaux et laissent précipiter le carmin pendant cinq à six jours, ensuite ils décantent et en remettent de la nouvelle ; ils laissent reposer pendant le même temps, et ils décantent de nouveau. Enfin ils continuent cette opération jusqu'à ce que l'eau ne sorte plus verte, puis

Le mélange étant bien fait, on le met sur de nouveaux filtres, et on laisse épurer autant que possible ; ensuite on recueille le carmin qui, quoique ayant été lavé et épuré, contient encore des matières vertes; alors, pour l'en débarrasser, on divise ce carmin en quatre parties à peu près égales, et l'on met chaque partie, en la saupoudrant de trois ou quatre poignées de sel d'epsum, dans chacun des filtres (8), que l'on plie de manière que le carmin ne puisse pas passer.

ils mettent sur des filtres (ces lavages durent pendant un mois, et quelquefois davantage) faits en forme de pétrin et d'un drap cuir-laine, de sorte que ce carmin étant sur les filtres y reste encore quelquefois un mois avant que d'être épuré, et ils ne le mettent jamais sous presse, ce qui fait que leurs bleus tendent toujours à verdir.

On voit que ces manières de procéder sont très-longues et qu'elles nécessitent un matériel considérable de cuveaux et de filtres, et beaucoup de main-d'œuvre.

Ensuite ces paquets de carmin sont mis sous la presse deux à deux parallèlement ; les deux qui se trouvent dessous doivent être séparés des deux qui se trouvent dessus, et qui sont placés de la même manière par de petits morceaux de bois, afin de les empêcher de rouler les uns sur les autres.

Sur les deux paquets qui se trouvent dessus, on place un morceau de planche, sur lequel doit appuyer le bras de la presse, que l'on charge, en premier lieu, d'un poids de vingt kilogrammes au moins, en second lieu d'un poids de trente kilogrammes.

Le poids de trente kilogrammes ne doit être mis que lorsque le carmin est déjà un peu épuré.

On laisse ce carmin sous la presse pendant environ deux jours (ce temps dépend du nombre de kilogrammes auxquels on veut le faire réduire, et des quantités de marchandises que l'on veut fabriquer), et toutes les dix à douze heures on le retourne avec des pelles (13), et on le saupoudre de nouveau de sel d'epsum.

Enfin, pour la fabrication des bleus servant à l'azurage, le carmin de trois kilogrammes d'indigo doit être réduit, savoir :

1º A huit kilogrammes et demi pour les bleus connus dans le commerce sous le nom d'extrà-fins.

2º Neuf kilogrammes et demi pour ceux qui sont connus sous le nom de surfins.

3º Et douze kilogrammes pour ceux qui sont appelés fins.

Pour ceux qui sont connus sons les numéros 1, 2, 3, 4 et 5, on ne lave pas le carmin et on ne le fait pas épurer sous la presse ; seulement on le laisse épurer plus ou moins sur les filtres, de manière que l'on met le carmin dans les quantités suivantes :

Nº 1, dix-sept kilogrammes ;

Nº 2, vingt kilogrammes;

Nº 3, vingt-quatre kilogrammes;

Nº 4, trente-deux kilogrammes ;

Pour le nº 5, on ne laisse presque pas épurer.

Lorsqu'on veut avoir des carmins d'indigo, même à quatre *francs* le kilogramme, on ne laisse épurer que fort peu sur les filtres; eusuite on étend le carmin d'eau saline provenant du sulfate de soude, que l'on fait fondre dans un tonneau. (Cette eau saline ne doit jamais marquer plus de neuf à dix degrés à l'aréomètre, autrement le carmin endommagerait les linges et tissus.

Pour pouvoir vendre des carmins liquides , même à quatre *francs* le kilogramme, beaucoup de fabricants les étendent seulement d'eau pure. Or, qu'arrive-t-il? c'est qu'en les adressant à leurs commettants dans de petits tonnelets ou dans des bombonnes, ainsi que cela se pratique , le carmin se précipite au fond du vase, et l'eau surnage.

Il n'en est pas de même avec l'eau saline provenant du sulfate de soude; l'acide que contient ce sel tient le carmin en suspension, et ne le laisse pas précipiter.

CHAPITRE III.

CHAPITRE TROISIÈME.

Des bleus cuivrés ou bronzés,
en pierres, tablettes et pastilles rayées.

Ces divers bleus, que les fabricants appellent, pour leur donner plus de valeur près des consommateurs, bleus anciens, bleus nouveaux, bleus cuivrés, bleus bronzés, et autres noms qu'il est inutile d'énumerer, se préparent tous de la même manière; il n'y a de différence que dans le plus ou moins de gomme et de fécule, et dans la forme et lustrage.

Ainsi, pour les préparer dans les différentes qualités, on emploie le carmin dans les proportions indiquées dans le chapitre précédent, et la gomme et la fécule dans celles qui suivent :

BLEUS EXTRA-FINS.

Carmin réduit à huit kilogrammes et demi, ...   8 5o
Gomme réduite en poudre
ou fondue, six kilogram-
mes et demi, ...   6 5o
Fécule, deux kilogrammes
et demi, ...   2 5o

Total. . . . 17 5o

BLEUS SURFINS.

Carmin réduit à neuf kilogrammes et demi, ...   9 5o
Gomme, huit kilogrammes,   8
Fécule, trois kilogrammes
et demi, ...   3 5o

Total. . . . 2 1 »

BLEUS FINS.

Carmin réduit à douze kilo-
grammes, ...   1 2 »
Gomme, dix kilogrammes,   1 o »
Fécule, quatre kilogrammes,   4 »

Total. . . . 2 6 »

BLEUS Nº 1.

Carmin épuré à dix-sept kilogrammes, ...	17	»
Gomme, treize kilogrammes,	13	»
Fécule, six kilogrammes, .	6	»
Total. . . .	36	»

BLEUS Nº 2.

Carmin épuré à vingt kilogrammes, ...	20	»
Gomme, seize kilogrammes,	16	»
Fécule, sept kilogrammes, .	7	»
Total. . . .	43	»

BLEUS Nº 3.

Carmin épuré à vingt-quatre kilogrammes, ...	24	»
Gomme, dix-neuf kilogrammes, ...	19	»
Fécule, dix kilogrammes, .	10	»
Total. . . .	53	»

BLEUS N° 4.

Carmin épuré à trente-deux kilogrammes, ...   32 »
Gomme, vingt-deux kilogrammes, ...   22 »
Fécule, quinze kilogrammes,   15 »

Total. . . .   79 »

BLEUS N° 5.

Carmin à peine épuré, pesant environ quarante-cinq kilogrammes, . . .   45 »
Gomme, trente-cinq kilogrammes, ...   35 »
Fécule, quarante kilog., .   40 »

Total. . . .   120 »

Ces derniers bleus ne devraient jamais être employés; ils ne font que salir les linges et tissus au lieu de les azurer.

Lorsqu'on veut fabriquer ces différentes qualités de bleus, on met le carmin avec la gomme et la fécule dans le pétrin (17), et l'on pétrit avec les mains de manière que le mélange soit bien fait [a]; ensuite on passe la pâte une ou deux fois par les cylindres (3) pour bien la broyer; et lorsqu'elle est bien préparée et qu'on n'aperçoit plus ni gomme ni fécule, on la coule sous la forme que l'on désire dans le bec (15), et avec la presse (9) sur les planchettes (13); puis après on la coupe avec les couteaux à rondelles (18) dans les longueurs qu'on désire, et on fait enfin sécher dans l'étuve.

Pour se servir de la presse (9), il faut toujours deux ouvriers, l'un pour presser, et l'autre pour tirer la plan-

[a] Bien des fabricants mettent le carmin, la gomme et la fécule dans un pétrin plat, et pétrissent avec une grande pelle, de la même manière que les maçons font leur mortier ; par ce procédé, on ne peut jamais bien mélanger les matières.

chette, que l'on pose sur deux petits morceaux de bois munis de roulettes, au fur et à mesure que la pâte sort du bec.

On ne doit pas faire sécher trop rapidement, et ne pas laisser de courant d'air dans l'étuve, autrement les marchandises fabriquées se briseraient.

Ces marchandises étant sèches ont une couleur bleue sale ; alors, pour leur donner le coup-d'œil de cuivre ou de bronze, on met dans le tambour en fer blanc (23) de l'indigo réduit en poudre, avec un kilogramme ou un demi-kilogramme au plus de ces marchandises ; on fait mouvoir le tambour pendant quinze minutes au moins, et lorsqu'elles sont bien imprégnées de la poudre d'indigo, on les sort du tambour et on les remet dans le sac en laine (24), que l'on secoue bien, en tenant un bout de chaque main, pendant aussi quinze minutes. Après cette opération, ces marchandises qui avaient une couleur bleue sale, ont une belle couleur bleue cuivrée ; alors elles sont mises dans des sacs en papier de diverses formes pour être livrées au commerce.

CHAPITRE IV.

CHAPITRE QUATRIÈME.

Des bleus célestes, appelés aussi bleus
nouveaux et bleus solubles.

On ne fabrique que trois qualités
de bleus célestes, les extra-fins, surfins et fins, sous les formes de boutons, de pastilles et de lentilles. La
seule différence qui existe entre les
bleus célestes et ceux dont on a parlé
dans le chapitre précédent, est qu'on
ajoute au carmin, à la gomme et à la
fécule, du sulfate de potasse ou du
sulfate de soude réduit en poudre
très fine. Le sulfate de soude est pré-
férable au sulfate de potasse, en raison de ce qu'il est d'un prix beaucoup moins élevé.

3.

Ainsi, pour fabriquer les bleus célestes ou solubles, on doit suivre les proportions suivantes :

BLEUS EXTRA-FINS.

Carmin réduit à huit kilogrammes et demi	8	5o
Gomme, trois kilogrammes,	3	»
Fécule , deux kilogrammes et demi , ...	2	5o
Sulfate de soude réduit en poudre, six kilogrammes ,	6	»
Total. , . .	20	»

BLEUS SURFINS.

Carmin réduit à neuf kilogrammes et demi , . . , .	9	5o
Gomme, quatre kilogrammes , ...	4	»
Fécule, trois kilogrammes,	3	»
Sulfate de soude, sept kilogrammes et demi , ...	7	5o
Total. . . .	24	»

BLEUS FINS.

Carmin réduit à douze kilogrammes , ...   1 2 »
Gomme , cinq kilogrammes
et demi , ...   5 5o
Fécule, trois kilogrammes et
demi , ...   3 5o
Sulfate de soude , ueuf kilogrammes , ...   9 »
____
Total. . . .   3o »

Ensuite on pétrit ces matières , et
on les passe aux cylindres de la même
manière que pour les bleus en pierres;
et lorsque la pâte est bien broyée, on
la coule avec les cornets (16) sur les
planchettes (13), de la même manière
que les confiseurs font leurs pastilles,
et on fait sécher dans l'étuve.

Ces pastilles, boutons ou lentilles,
lorsqu'elles sont sèches, ont, comme
les bleus en pierres et en tablettes,
une couleur bleue sale ; alors, pour

leur donner la couleur bleue céleste,
on les met, par un kilogramme au
plus, dans le sac en peau (22) avec
du bleu de Berlin réduit en poudre;
on secoue ce sac en tenant un bout
de chaque main, pendant dix mi-
mutes environ, puis après on en retire ces divers bleus qui ont la couleur que l'on désire. (C'est ce qu'on
appelle passer au bleu de Prusse ou
de Berlin).

CHAPITRE V.

CHAPITRE CINQUIÈME.

Des bleus Bélards ou de Saxe.

Les bleus Bélards ou de Saxe ne circulent dans le commerce que sous la forme de petites tablettes unies, et se préparent de la même manière que les bleus en pierres, en tablettes, etc., à l'exception cependant qu'au lieu d'employer de la fécule de pommes de terre, on emploie de l'amidon.

Ainsi, pour fabriquer les bleus Bélards, on emploiera les quantités suivantes :

BLEUS EXTRA-FINS.

Carmin réduit à huit kilogrammes et demi, ...	8	5o
Gomme, six kilogrammes, .	6	»
Amidon, trois kilogrammes,	3	»
Total. . . .	17	5o

BLEUS SURFINS.

Carmin réduit à neuf kilogrammes et demi, . . .	9	50
Gomme, sept kilogrammes,	7	»
Amidon, quatre kilogrammes et demi, ...	4	50
Total. . . .	21	»

BLEUS FINS.

Carmin réduit à douze kilogrammes, ...	12	»
Gomme, huit kilogrammes,	8	»
Amidon, six kilogrammes,	6	»
Total. . . .	26	»

BLEUS N° 1.

Carmin épuré à dix-sept kilogrammes, ...	17	»
Gomme, onze kilogrammes,	11	»
Amidon, huit kilogrammes.	8	»
Total. . . .	36	»

BLEUS N⁰ 2.

Carmin épuré à vingt kilo-
grammes, ...   20 »
Gomme, quatorze kilogram-
mes, ...   14 »
Amidon , dix kilogrammes ,   10 »
____
Total. . . .   44 »

BLEUS N° 3.

Carmin épuré à vingt-quatre
kilogrammes, ...   24 »
Gomme , quinze kilogram-
mes , ...   15 »
Amidon , quatorze kilo-
grammes , ...   14 »
____
Total. . . :   53 »

Dans ces bleus on ne fabrique presque jamais des numéros 4 et 5.

4

CHAPITRE VI.

CHAPITRE SIXIÈME.

Des bleus en boules.

Les bleus en boules se préparent d'une manière toute différente des bleus en pierres, en tablettes, en pastilles, en lentilles, etc., en ce que dans leur composition il n'y entre ni gomme, ni fécule, ni sulfate de soude ou de potasse, mais bien du blanc de Meudon ou de Troyes réduit en poudre très fine.

Le blanc de Meudon, avant d'être employé, doit être mis dans l'eau pour le détremper, et remué de temps à autre.

On l'emploie dans les proportions suivantes :

BOULES EXTRA-FINES.

Douze kilogrammes.

BOULES SURFINES.

Quinze kilogrammes.

BOULES FINES.

Dix-huit kilogrammes.

BOULES N° 1.

Vingt-deux kilogrammes.

BOULES N° 2.

Vingt-sept kilogrammes.

BOULES N° 3.

Trente-cinq kilogrammes.

BOULES N° 4.

Quarante-trois kilogrammes.

BOULES N° 5.

Cinquante kilogrammes.

Ainsi, pour fabriquer les bleus sous la forme de boules, on mêle, suivant les qualités de marchandises que l'on veut faire, à la dissolution sulfurique d'indigo le blanc de Meudon détrempé dans l'eau, dans les proportions ci-devant indiquées; on fait bien le mélange avec une pelle, et lorsqu'il est terminé, la pâte qui a une couleur gris bleu sale, est très dure et très compacte; alors on la broye avec la mollette, et cette pâte, de dure qu'elle était, devient molle; ensuite on la met en petites boules, et on fait sécher dans l'étuve.

Les fabricants, pour faire les boules d'égales grosseurs et d'un même poids, étendent la pâte, lorsqu'elle a été bien broyée, avec la mollette sur une table, et appliquent sur cette pâte un casier qui la coupe en autant de morceaux égaux que le casier contient de cases.

Ces boules étant sèches, ont, comme les bleus en pierres, en tablettes, etc., une couleur bleue sale; alors, pour leur donner le coup-d'œil

bleu cuivré, on les met, par un kilogramme à la fois, dans le tambour
en fer blanc (23) avec de l'indigo réduit en poudre très fine ; on fait
mouvoir ce tambour pendant dix minutes, ensuite on les retire et on les
met dans le sac en laine (24), que
l'on secoue pendant environ quinze
minutes ; enfin on leur fait subir la
même opération qu'aux bleus en tablettes, en pierres, etc., lorsqu'elles
sont sèches.

CHAPITRE VII.

CHAPITRE SEPTIÈME.

Des bleus liquides.

Les bleus liquides, ainsi qu'on l'a vu à la page VIII, ne sont autre chose que la dissolutiou sulfurique d'indigo saturée ou non saturée, étendue d'eau pure ou d'eau saline provenant du sulfate de soude, en plus ou moins grande quantité, suivant le prix auquel les consommateurs veulent les acheter.

CHAPITRE VIII.

CHAPITRE HUITIÈME.

—

Bleus que l'on peut fabriquer dans
tous les ménages.

Lorsque dans un ménage on a besoin de bleus pour azurer, il faut
mettre deux cent cinquante grammes
d'acide sulfurique ordinaire dans un
pot en grès de la teneur de deux litres
environ, projeter doucement et par
petites portions dans cet acide cent
vingt-cinq grammes d'indigo réduit
en poudre, boucher le pot et le mettre au bain-marie pendant une demi-
journée environ, en ayant soin de
remuer de temps à autre. Lorsque
l'indigo est bien dissout, on met
dans un seau un kilogramme de cristaux de soude que l'on fait fondre

dans de l'eau, puis on verse cette eau saline, par petites portions à la fois, dans la dissolution sulfurique d'indigo; ensuite on étend d'eau, suivant la nuance que l'on désire avoir, et on conserve le tout dans des vases.

Enfin, pour trois ou quatre francs on peut faire une vingtaine de litres de bleu liquide, qu'on est obligé d'étendre de beaucoup d'eau lorsqu'on veut en faire usage.

FIN.

9 782019 312015